做最好吃的☆ 幸福小蛋糕

黎国雄 编著

U0318285

辽宁科学技术出版社

沈 阳

图书在版编目（ＣＩＰ）数据

做最好吃的幸福小蛋糕 / 黎国雄编著 . —沈阳：辽宁科学技术出版社，2016.5
ISBN 978-7-5381-9795-2

I. ①做… II . ①黎 … III . ①蛋糕—糕点加工 IV . ① TS213. 2

中国版本图书馆 CIP 数据核字（2016）第 090865 号

出版发行： 辽宁科学技术出版社

（地址：沈阳市和平区十一纬路 29 号　邮编：110003）

印 刷 者： 广州培基印刷镭射分色有限公司

经 销 者： 各地新华书店

幅面尺寸： 170mm×238mm

印 张： 8

字 数： 205 千字

出版时间： 2016 年 5 月第 1 版

印刷时间： 2016 年 5 月第 1 次印刷

责任编辑： 王玉宝

文字编辑： 梁晓林

责任校对： 合力

书 号： ISBN 978-7-5381-9795-2

定 价： 32.80 元

联系电话： 024—23284376

邮购热线： 024—23284502

E-mail: lnkjc@126.com

http: //www.lnkj.com.cn

序言 你我他的小小幸福蛋糕

它有着柔软的上层，混合了特殊的美味芝士，如 ricotta cheese，或是 cream cheese，再加上雪白的砂糖和可爱精致的配料，如鸡蛋、奶油、椰蓉和水果……它的家族，不论搭配、口感、样貌都十分丰富。它可方可圆、可浓可轻、可香甜可微苦、可清新可醇厚，不管你喜欢的是哪一种，都不难找到适合的那一款，每一个尝试过它的人都享受着它所带来的小小的幸福感。

在古老的西点蛋糕之中，一般蛋糕是由烤箱制作，而它意外地也可以冷冻制作而成。在琳琅满目的蛋糕类别之中，它就是蛋糕里最受欢迎之一的芝士蛋糕。

芝士蛋糕（cheese cake），也叫起司蛋糕、干酪蛋糕。芝士蛋糕的历史十分悠久，三千年前，在古老的希腊，奥林匹斯山下的健儿们为金牌拼搏的时候，它已经成为了奥运会特制食品。比赛结束后，由罗马人将芝士蛋糕从希腊传遍整个欧洲，而后在 19 世纪跟随移民们传到了美洲。

芝士蛋糕通常都以饼干作为底层，亦有不使用底层的做法。有比较固定的几种口味，如原味、香草起士蛋糕、巧克力芝士蛋糕等，至于表层加上的装饰，常常是草莓或蓝莓，也有不装饰或只是在顶层简单抹上一层薄蜂蜜的种类。此类蛋糕在结构上较一般蛋糕扎实，但质地却较一般蛋糕来得绵软，口感上亦较一般蛋糕来得湿润，若以具体事物来描述，芝士蛋糕是口感上类似于提拉米苏或是慕思之类的糕点，但本身又不若后两者来得绵软。有时芝士蛋糕看起来不太像一般蛋糕，反而比较像派的一种。

本书介绍了 36 种美味可口的芝士蛋糕和 30 余种趣味小蛋糕的做法，简单易操作，让每一位翻阅此书的读者都能动手做出令人惊喜的蛋糕美食。

目 录
Contents

幸福小蛋糕制作常识

▶ 准备工具

名称	用途
电动打蛋器	搅拌黄油、奶油、全蛋、蛋白等需要搅拌的食材。若是人力搅拌则太过费时，亦浪费人力。
厨房电子秤	制作蛋糕要求食材的量精准，不可估摸，也无法估摸。使用电子秤更方便和准确，并可以在加材料时分次归零。
量杯	用来量取液体的体积，主要量取水、奶油、牛奶或者油。
量勺	能准确地分量，建议准备一组量勺。大多配方里都使用"汤匙"和"茶匙"作标注，具体的一匙、二分之一匙的量是多少却无精确的数值。
橡皮刮刀	橡皮刮刀主要用于搅拌面糊。一般使用材质偏软，刀面偏大的刮刀，当面糊粘底时，用刮刀翻拌就会十分顺手。
面粉筛	用来筛面粉，使面粉松散。筛面粉是个十分重要的步骤，蛋糕的蓬松度由此步骤决定。

分蛋器	可以快速并完整地分离蛋清与蛋黄。亦可使用合适的圆勺代替。
擀面杖	西点的擀面杖与中点的擀面杖是不同的，此擀面杖的作用是把面糊擀成一大块平整的面皮。烤饼干或做面包卷可用。
烤盘	一般使用8英寸，大小适合家庭烘焙。
搅拌容器	用来搅拌面糊、打蛋液。选用的容器最好够大够深，这样搅拌的时候食材不会那么容易被甩出来。
烘焙纸	俗称油纸，在烘焙过程中起到防粘的作用。如果不使用油纸，也可以在烤盘中均匀地抹上一层薄油，再均匀地筛上一层薄薄的面粉。
烤模	有可脱模和无脱模之分，一般常用的是铝合金烤模，轻巧方便。建议使用6英寸烤模，容易脱模出完好的蛋糕体，家庭人口多也可以使用8英寸的烤模。
裱花袋	装奶油，不同的花嘴可以挤出不同纹理的奶油形状，用于装饰蛋糕，也可以制作饼干和小点心。

▶ 重要食材的选择

　　烘焙对食材非常挑剔，食材质量的优劣在成品蛋糕口感的好坏中占大部分原因。不同质量的食材能制作出不同口感、色相的蛋糕，于是，在制作前挑选什么样的食材尤为重要。

　　关于面粉，蛋糕制作使用的是低筋面粉。此面粉蛋白质含量为7%～9%，筋性低。当捏在手中成团时，不容易松散。可以用来做蛋糕，也可以用来做饼干。

　　关于奶油，分为有盐奶油和无盐奶油。无盐奶油味道比较新鲜，且味道比较甜，烘焙效果更好。使用有盐奶油，则配方里的盐分就要减少。真正的奶油是从牛奶中提炼出来的，可作为高级西点及蛋糕的原料。

　　关于芝士，这也是本书的重点所在，Cheese翻译成中文是"奶酪"的意思，是由牛奶经过发酵制成，芝士、起司是根据英文的发音而命名，比较通俗、常用。烘焙常用到的奶酪有下面这些：

奶油奶酪 *(Cream Cheese)*	奶油奶酪是一种未成熟的全脂奶酪，色泽洁白，质地细腻，口感微酸，非常适合用来制作奶酪蛋糕。奶油奶酪开封后非常容易变质，所以要尽早食用。
马苏里拉奶酪 *(Mozzarella Cheese)*	马苏里拉奶酪受热后容易融化，可以拉出长长的丝，常用来制作披萨。如果想要做出来的蛋糕像披萨一样能拉出长长的丝，就一定得使用马苏里拉奶酪了。
切达奶酪 *(Cheddar Cheese)*	切达奶酪又叫车打奶酪，是一种原制奶酪，也是最常见的奶酪品种之一。切达奶酪品种有很多，颜色与味道根据品种不同也有很大区别，颜色从白色到浅黄色不等，味道也有浓有淡。在大部分超市都能买到。
马斯卡彭奶酪 *(Mascarpone Cheese)*	马斯卡彭奶酪是鲜奶酪的一种，制作过程未经发酵，所以口味清新，是制作著名甜点"提拉米苏"必备的食材。

第一次制作就成功的小秘诀

秘诀1 筛面粉

过筛后的面粉变得蓬松，能够提升蛋糕的品质，因此筛面粉的环节十分重要。要选用细密的筛子，面粉最好过筛两次。如果蛋糕的配方里有多种面粉，可以将它们加到一起过筛，过筛的过程也能够将它们混合起来。另外需要注意的一点是，配方中有泡打粉，则必须混合过筛。

秘诀2 分蛋

首先要选好鸡蛋。表面光滑或者有黑点的鸡蛋通常是不新鲜的。触碰新鲜鸡蛋的蛋壳时能明显感到是粗糙的，有许多细粒状的突出物。另一个方法是将鸡蛋放入冷水里，平躺着的鸡蛋是新鲜的；倾斜或竖直的鸡蛋是已经放置了3～10天的；鸡蛋浮在水面上则表明已经变质了。

接下来是分蛋，如果有专门的分离器，只需要把蛋打到里面即可。如果没有，则需要一点技巧：将蛋壳敲成两半，然后像玩杂技一样将蛋黄迅速地在两个蛋壳间倒来倒去，让蛋清流到下面的碗里去，在此前就需要把鸡蛋外壳清洗干净，避免污染。

秘诀3 打发鲜奶油

打发鲜奶油需要用到的工具是打蛋器或搅拌器。通常搅拌至形成柔软小山尖且尖峰向下弯。如果是用来挤花，就得搅拌至顶端有点硬。

秘诀4 熔化巧克力

巧克力也可以用隔热水的方法来熔化，水温50℃左右即可。先把巧克力切成小块，一边加热一边搅拌，熔化效果更好。

秘诀5 熔化奶油

奶油的熔化通常使用隔水加热的办法，也可以用烤箱，一般熔化成稀糊状就可以了。

秘诀6 溶解吉利丁

使用吉利丁片前，要将它浸泡在水（夏天凉水，冬天温水）中，让它吸水软化。通常溶解比例是1片吉利丁加30～40毫升水，先浸泡5分钟，然后隔热水加热，直到吉利丁清澈透明且完全溶解为止。

秘诀7 刮皮

橙子皮、柠檬皮是常用的材料。刮皮前要洗净，用磨刨器最细的一面，在橙子或柠檬的表面磨，注意不要磨到表皮下的白色内皮，不然会带有苦味。如果想要长条的皮，也可以使用专门的刮皮器。

秘诀8 表皮亮色

蛋黄液可以使表皮的色彩更亮丽，如果你想要更深的色调，可以在蛋黄液中加入数滴酱油，但一定注意不要加得太多。

▶ 常用蛋糕底制作

【配方】

蛋黄 3个/蛋清 3个/黄油 100克

低筋面粉 250克/细砂糖 100克

淡奶油 75克

法式海绵蛋糕底

【做法】

1.蛋黄倒入容器，加入20克细砂糖，搅拌均匀。

2.蛋清倒入深容器里，边打发边加入剩下的细砂糖，打发至细泡沫状。

3.将打发的蛋清倒入蛋黄液里，搅拌均匀，再加入低筋面粉，搅拌至无干粉为止。

4.用微波炉加热黄油，熔解后加入淡奶油，拌匀后倒入蛋糊里。

5.烤盘上垫纸，倒入面粉糊，震动两下，排出气泡，放入烤箱，以180℃烤20分钟即可。

【配方】

鸡蛋2个/黄油50克/可可粉50克
低筋面粉200克/细砂糖60克

可可海绵蛋糕底

【做法】

1.将鸡蛋打入容器里，加入细砂糖隔热水打发，直至黏稠，拉出不易消失的痕迹为止。

2.再加入低筋面粉，边搅拌边倒入容器里，搅拌均匀。

3.在面糊中加入可可粉，拌匀后加入熔解好的黄油，继续搅拌均匀。

4.烤盘上放入垫纸，倒入可可面糊，震动两下盘子，放入烤箱，以180℃烤制20分钟即可，凉凉后脱模。

白巧克力芝士蛋糕

|蛋糕物语|

　　1月，窗外一片雪白。双层玻璃隔挡着从壁炉里弥散出的阵阵暖意，却挡不住梦想的双翼，它穿透夜空，在绵延无际的洁白田野上飞舞。

　　几片薄薄的白巧克力，散缀在甜美、柔和的芝士上，它和那双穿行在夜空里的梦之翼一样令人沉醉……

‖配方‖

奶油奶酪 250 克

酸奶油 200 毫升

白巧克力 150 克

淡奶油 200 毫升

细砂糖 110 克

零白 3 个份

牛奶 30 毫升

香草精 10 毫升

消化饼干 100 克

黄油 50 克

白巧克力薄片适量

新鲜草莓 1 颗

‖做法‖

1. 将消化饼干擀细，与熔化好的黄油混合均匀，铺到模具底部压实。

2. 盆中放入软化的奶油奶酪，再加入砂糖并稍微拌合。

3. 加入酸奶油，用力搅拌均匀。

4. 逐个加入蛋白，加入一个，搅拌均匀再加入下一个；然后加入牛奶，搅拌。将香草精加入奶酪糊，搅拌均匀。

5. 加热的淡奶油倒入切碎的白巧克力，使其融化。

6. 将熔化的白巧克力和淡奶油的混合物分次加入到奶酪糊中。

7. 将奶酪糊过滤后，再倒入模具中，在活底模具外面放上一个稍大的固底模具，置于烤盘中。

8. 放入烤箱，隔水烤（在烤盘中注入至少1厘米的开水），用160℃烤制约60分钟，散热后冷藏4小时左右。

9. 最后撒上白巧克力薄片和草莓作装饰。

> 美味魔法 Good magic
>
> 第一点是整个过程中要多搅拌，这至关重要！另外一点是烤制时，烤盘的水如果被耗尽，要及时补水。

咖啡芝士蛋糕

|蛋糕物语|

　　细腻的芝士与浓烈的咖啡放到一起，就好像是淑女和绅士，是一对完美的组合。咖啡浓厚的香气中带着淡淡的苦，这种微苦像化学作用一样把芝士的甜腻柔和了，让蛋糕口感更迷人。

‖配方‖

奶油芝士 200 克

砂糖 50 克

鸡蛋 1 个

咖啡粉 15 克

热水 15 毫升

咖啡酒 20 毫升

香草精 3 毫升

鲜奶油 100 克

奥利奥饼干 50 克

熔化黄油 5 克

‖做法‖

1. 将奥利奥饼干捣碎，加入熔化的黄油中拌匀，倒入模具中压平整，然后放入冰箱冷藏定型。

2. 咖啡粉用热水冲开，搅拌放凉后，加入咖啡酒和香草精。

3. 奶油芝士切成块，加入砂糖，用打蛋器打发；打发好后加入一个蛋，搅拌均匀。

4. 将做法2中混合好的咖啡酒和鲜奶油倒入奶油芝士中，搅拌均匀。

5. 将混合好的咖啡奶油芝士过筛，去掉颗粒，再倒入模具。

6. 放入烤箱，隔水烤50分钟左右，温度在170℃左右。

7. 脱模凉凉后，用剩余的奶油芝士裱花，撒上咖啡粉即完成。

美味魔法
Good magic

咖啡粉冲水时，水不要一下子放太多，要慢慢地匀速倒入，并搅拌至没有沉淀物；如果没有咖啡酒和香草精，也可以不放，放这两样可以让咖啡的味道更浓郁，不容易被牛奶和芝士的味道掩盖。

1-1　　1-2　　2-1　　2-2　　2-3

3-1　　3-2　　4　　5

6　　7-1　　7-2

可可芝士蛋糕

|蛋糕物语|

可可芝士蛋糕是比巧克力还要细腻、柔滑、醇厚的甜点，它温热的时候可以品绵润的口感，它冰凉的时候可以抿浓郁的香味。

大音希声，大象无形。简洁大方的造型，色彩搭配纯粹得一眼就让人感到美好和纯洁。

▌▌配方▌▌

鸡蛋 4 个

低筋面粉 90 克

奶油奶酪 375 克

无盐黄油 280 克

糖粉 120 克

可可粉 90 克

鲜奶油 250 克

吉利丁粉 20 克

冷水 100 毫升

泡芙 12 颗

黑巧克力、白巧克力各适量

▌▌做法▌▌

1.将鸡蛋放入容器内，用电动打蛋器低速打至起泡，加入糖粉，再高速打发至均匀黏稠。

2.取250克无盐黄油放入微波炉里加热熔化，然后倒入打发过的蛋液中，搅拌均匀。

3.将可可粉过筛，再倒入做法2的蛋液中拌匀，然后倒入低筋面粉，仔细搅拌均匀。

4.将混合好的粉浆倒入模具里，以180℃的温度烤约30分钟，然后取出凉凉。

5.在等待烤可可海绵底的时间，做蛋糕的芝士层。将奶油奶酪和剩余的无盐黄油混合，放置在室温内软化，用打蛋器低速打发至顺滑。

6.吉利丁粉在冷水中浸泡约2分钟，然后放入微波炉里加热30秒；加热好之后搅拌一下，倒入奶酪糊中。

7.将鲜奶油解冻，用打蛋器高速打发至黏稠状，打发完成的奶酪糊用较低的速度搅匀。

8.将奶油奶酪糊倒入已经冷却的可可海绵底上，涂抹均匀。

9.再裱花，撒上一层薄薄的可可粉，放上12颗蘸了黑巧克力的泡芙，再放上白巧克力片即完成。

美味魔法
Good magic

可可海绵底出烤箱后，盖上保鲜膜可以阻止水汽散发，保持蛋糕温热时润润的口感，也能够防止蛋糕表面开裂。

可可
小蛋糕

‖配方‖

鸡蛋 3 个

细砂糖 75 克

低筋面粉 75 克

可可粉 15 克

水 30 毫升

‖做法‖

1. 将鸡蛋打散混合好，再放入细砂糖，开始打发。先高速搅，蛋液开始膨胀；再低速搅，泡泡变小，从蛋液上划过去会有很难消失的痕迹，打发鸡蛋就完成了。

2. 可可粉过筛后注入水，搅拌均匀，再边搅拌蛋液边加入可可粉浆；低筋面粉同样过筛后加入蛋液里，搅拌均匀。

3. 将食材搅拌好，然后倒入模具中，不要太满，倒至模具 1/2～2/3的高度即可。

4. 放入烤箱，以180℃烤25分钟左右即完成。

美味魔法 Good magic　　打发蛋糊的时候，一定要打发至蓬松发白，细砂糖可按个人口味添加。搅拌粉浆的时候自右上方下铲，划过盆底，自左上方捞出，搅起来可能稍许有点费力。

蔓越莓牛油味小蛋糕

‖配方‖

牛油味蛋糕预拌粉125克

鸡蛋1个

水 20 毫升

植物油 60 毫升

蔓越莓适量

‖做法‖

1.将鸡蛋、水和植物油混合到一起，再加入预拌粉充分搅拌均匀。

2.往面糊里放入适量切成小粒的蔓越莓，再次搅拌。

3.将面糊倒入模具里，不要倒太满，约为模具2/3的高度。

4.放入烤箱，以180℃烤25分钟左右即完成。

美味魔法 Good magic

烤好的蛋糕可以用保鲜膜稍微盖住几十秒，这样更容易脱模，凉凉后再挤上一些奶油奶酪，摆放几粒蔓越莓，就把小蛋糕显得更漂亮，而且口味更好！

焦糖巧克力芝士蛋糕

|蛋糕物语|

　　焦糖的甜中带苦，巧克力的甜中有香，蛋糕上还可以做出美丽的图案。恰如恋爱过程中的心情，有苦有甜，经过岁月的烘烤，蛋糕上的图案必定会变成一段美丽的记忆，像此款蛋糕一样美味可口。

‖配方‖

消化饼干 100 克

黄油 50 克克

奶油奶酪 250 克

细砂糖 110 克

鸡蛋 3 个

巧克力 25 克

鲜奶油 150 毫升

凉水 25 毫升

松子适量

‖做法‖

1.将消化饼干压碎擀细，加入熔化好的黄油一起拌匀，然后倒入模具中压紧压平，冷藏待用。

2.将奶油奶酪软化，加入50克细砂糖拌匀；接着逐个加入鸡蛋搅拌匀，每加入一个都需拌匀一次，这就做好奶酪糊了。

3.领取一个容器，放入60克细砂糖，加入25毫升凉水，小火加热至成为棕红色的焦糖浆。此时边倒入100毫升鲜奶油边搅拌，直至均匀。

4.将焦糖浆边倒入奶酪糊边拌匀，做成焦糖奶酪糊。

5.将巧克力和50毫升鲜奶油倒入容器，隔水融化后搅拌均匀成巧克力酱；然后往巧克力酱中舀入一勺约100毫升的焦糖奶酪糊，拌匀装入裱花袋备用。

6.把焦糖奶酪糊倒入已经冷藏好有蛋糕底的模具中，然后用巧克力酱在糊上画圈圈，并用细长的棒子（或竹签）挑出花纹。

7.模具底部包上锡纸；烤盘中注入约2厘米高的热水，隔水烤法烤制，以150℃烤约50分钟。

8.烤完待完全冷却后，放入冰箱冷藏4小时以上，脱模；然后用奶油奶酪裱花，再摆上几粒松子即完成。

美味魔法 Good magic

　　熬焦糖的时候，水和糖的用量要准确，匀速搅拌，锅不要晃动，不然难以熬出漂亮的颜色。

摩卡方芝士蛋糕

|蛋糕物语|

摩卡拥有独特的甘、酸、苦味，却又极为优雅，与润滑可口的芝士融合在一起，犹如翩然起舞的蝴蝶，在美丽的花丛中跳跃。有一些时光，只要一杯红茶，一把椅子，一段旋律，一块蛋糕……

▌配方▐

奶油奶酪 500 克

原味酸奶 100 毫升

鸡蛋 3 个

黑巧克力 120 克

低筋面粉 10 克

消化饼干 200 克

黄油 90 克

朗姆酒 30 毫升

可可粉 20 克

摩卡咖啡粉 6 克

细砂糖 120 克

糖粉、巧克力片各适量

▌做法▐

1.将消化饼干擀碎，加入熔化好的黄油，拌匀后倒入模具中，压平冷藏备用。

2.咖啡粉注入少量水溶解成咖啡。

3.将奶油奶酪隔水加热至软化，加入细砂糖，用打蛋器打发至顺滑状态。

4.分三次加入鸡蛋，边加入边拌匀。

5.依次加入朗姆酒、酸奶和咖啡，每加入一样材料，用打蛋器拌匀一次。

6.将低筋面粉和可可粉混合，倒入奶酪糊里充分搅拌均匀。

7.将黑巧克力切碎，隔水加热熔化，分两次加入奶酪糊里，每加入一次，拌匀一次。

8.把搅拌好的奶酪糊倒入装有蛋糕底的模具里，放入烤箱，以160℃烤100分钟左右。

9.出炉后凉凉冷藏4小时，切成4小件，然后将糖粉过筛撒在蛋糕面上，挤一些奶酪、插上巧克力片作装饰，完成。

美味魔法 Good magic

　　若是想摩卡的味道浓郁一些，可以增加摩卡咖啡粉的分量。食材的分量可根据个人需要按比例适当增减，注意增加或减少食材时，烤的时间也应相应调整。

夹心
小蛋糕

‖配方‖

鸡蛋 3 个

低筋面粉 80 克

色拉油 20 毫升

细砂糖 45 克

果酱 30 毫升

黑、白芝麻各适量

‖做法‖

1.边搅拌鸡蛋边加入细砂糖，混合后再高速打发至颜色变浅，体积膨大。

2.加入低筋面粉，一直翻拌至面粉与蛋液完全融合。

3.在面糊里注入色拉油，用刮刀搅拌均匀。

4.在烤盘里放入纸膜，倒入纸膜1/2～2/3高度的面糊，放入烤箱以180℃烤8分钟，直到表面变得有点硬即可。

5.取出蛋糕，可稍微在蛋糕面上开一条缝，倒上果酱，撒上黑、白芝麻，再放入烤箱以180℃烤8分钟，蛋糕变金黄即可。

　　果酱也可以按个人口味放不同果酱，一份小蛋糕放一种果酱也是可以的。加入面粉时，要采用上下翻的方式，一定要有耐心，充分翻拌均匀。

胚芽海绵
小蛋糕

‖配方‖

鸡蛋 3 个

白砂糖 60 克

盐微量

低筋面粉 80 克

小麦胚芽 15 克

玉米油 20 毫升

鲜橙汁 30 毫升

‖做法‖

1.往鸡蛋中加入白砂糖，用打蛋器打发搅匀，再高速打发5分钟左右。

2.将低筋面粉过筛后加入蛋液里搅拌均匀。

3.将鲜橙汁、玉米油按顺序加入到面糊里，轻轻地翻拌均匀，再次用上下翻的手法拌匀。

4.把面糊注入模具，然后将小麦胚芽轻轻撒在面糊上。

5.放入烤箱，以150℃烤20分钟左右取出，凉凉后挤上奶油、撒小麦胚芽作装饰即完成。

美味魔法
Good magic

将低筋面加入蛋液时，也可以分多次加入；
这个配方中，橙汁换成牛奶，效果也会不错。

百利甜酒芝士蛋糕

|蛋糕物语|

香浓的芝士,配上淡淡的酒香,就像爱情一样甜蜜诱人。不用担心酒会醉人,
百利甜酒酒精度很低,味道偏甜,即使不会喝酒的女士,也不会对它望而却步。

||配方||

奥利奥饼干 75 克

黄油 25 克

奶油奶酪 250 克

鸡蛋 1 个

细砂糖 60 克

百利甜酒 80 毫升

玉米粉 5 克

牛奶 80 毫升

可可粉适量

||做法||

1.将奥利奥饼干去掉夹心层的奶油后捣碎，加入融化了的黄油，将两者拌匀，倒入模具中压平，冷藏待用。

2.取出冷藏的奶油奶酪，室温软化，然后加入细砂糖搅拌，再加入鸡蛋、牛奶，搅拌均匀。

3.将玉米粉、百利甜酒依次倒入奶酪糊中，分别搅拌均匀。

4.然后将做好的奶酪糊慢慢倒入模具里，放入烤箱，以170℃隔水烤60～70分钟。

5.用奥利奥饼干或可可粉作表面装饰，凉凉或冷藏后食用均可。

美味魔法 Good magic

在加入细砂糖后搅拌奶油芝士时，要搅打至无颗粒状才可以。

1-1

1-2

2-1

2-2

2-3

3-1

3-2

4-1

4-2

蜂蜜柚子芝士蛋糕

蛋糕物语

蜂蜜柚子芝士甜蜜而清香，充满轻盈、休闲的味道，再配上一杯淡茶，便是一款让人难以拒绝的美味早餐了！

‖配方‖

奶油奶酪 150 克

低筋面粉 60 克

蜂蜜柚子茶（或酱）60 克

鸡蛋 4 个

牛奶 100 毫升

玉米淀粉 30 克

黄油 55 克

白砂糖 60 克

‖做法‖

1.将奶油奶酪解冻，隔热水软化，然后依次加入牛奶、一起过筛的低筋面粉和玉米淀粉、蛋黄、蜂蜜柚子茶，混合搅拌均匀，留下一小块黄油，其余倒入奶酪糊搅拌。

2.用打蛋器打发蛋清，糖分三次加入，每加入一次，充分搅拌一次。蛋白打发至湿性发泡时，倒入芝士糊中，从底部向上翻拌均匀。

3.把小块黄油均匀涂抹在模具四周和底部，然后倒入做好的奶酪糊。

4.放入烤箱，以230℃烤1分钟左右，取出给蛋糕上色，然后再用150℃烤60分钟左右，烤好后取出凉凉，冷藏3小时左右。

5.食用前，用蛋糕刀在蛋糕上涂抹蜂蜜柚子酱、摆上薄荷叶即成。

美味魔法 Good magic

倒入蛋白，搅拌芝士糊时，要从底部往上翻，注意不要左右搅拌。这款蛋糕面粉含量比例低，而且含有大量的蛋白，含水量也较高，出炉后有轻微的回缩是正常的。如果回缩严重，多数原因是蛋白没有打发好。

1-1　1-2　1-3　1-4

2-1　2-2　2-3　3

4　5-1　5-2

枣泥戚风
小蛋糕

‖配方‖

鸡蛋 4 个

枣泥 95 克

玉米油 50 毫升

牛奶 68 毫升

低筋面粉 85 克

红糖 20 克

细砂糖 20 克

松子适量

‖做法‖

1.将蛋黄打散，依次加入牛奶、玉米油、过筛的低筋面粉，混合搅拌均匀，再加入枣泥拌匀。

2.将蛋清打发至白色，然后将红糖粉和细砂糖混合后分三次加入，打发成干性发泡状态。

3.把打发好的蛋清倒入面糊，搅拌均匀。

4.将做好的蛋糕糊倒入模具中，放入烤箱，以150℃烤25分钟左右，取出凉凉后用松子装饰即可。

美味魔法 Good magic

蛋清和面糊混合的时候要注意手法，注意不能让蛋糕糊消泡。烤好的蛋糕用牙签扎进去没有蛋糕糊带出来就可以了。

全蛋蜂蜜
小蛋糕

‖配方‖

鸡蛋 4 个

蜂蜜 60 克

白砂糖 40 克

低筋面粉 100 克

植物油 40 毫升

奶油、果脯、叶子适量

‖做法‖

1.把鸡蛋打入容器里，依次加入白砂糖、蜂蜜，注意是边打发边加入食材。一直打发到提起打蛋器时，滴下的蛋液落下有很明显的痕迹并且不会短时间内消失的状态。

2.往蛋液中加入低筋面粉，上下翻拌，让它们充分融合。

3.往蛋糕糊里加入植物油，搅拌均匀。

4.把做好的蛋糕糊注入纸模，注入至纸模缝隙的位置即可，再放入烤箱以160℃烤20分钟，凉凉后加点蜂蜜、奶油、果脯和叶子作装饰即成。

美味魔法 Good magic　　混入低筋面粉后，要快速地上下翻拌，一定要混得很均匀。入烤箱时建议放中层。

覆盆子冻芝士蛋糕

蛋糕物语

覆盆子又叫树莓、木莓，它闻起来清香，吃起来微酸。心形、洁白的芝士蛋糕上，点缀着暗红色的覆盆子酱，散发着诱人的清香。酸酸甜甜，是一种恋爱的味道。

‖配方‖

奶油奶酪 150 克

马斯卡彭奶酪 150 克

淡奶油 150 毫升

细砂糖 100 克

吉利丁片 3 张

覆盆子 100 克

8 寸蛋糕 1 片

‖做法‖

1.将覆盆子磨碎成为果酱，然后放入容器里隔着热水拌匀，加入50克细砂糖，拌匀溶化后加吉利丁片，轻轻搅拌，直至融化。

2.把剩下的细砂糖倒入到奶油奶酪里，隔热水搅拌均匀，再加入马斯卡彭奶酪，充分拌匀。

3.把50克覆盆子果酱倒入奶酪糊中，拌匀后再加入打发好的淡奶油，轻轻地搅拌均匀。

4.取心形模具在8寸蛋糕片上做出造型。

5.保持做好蛋糕底片的步骤，将覆盆子奶酪糊倒入模具，平整后再将覆盆子果酱倒入模具中。

6.冷藏4小时以上，取出后脱模，装饰好蛋糕即成。

美味
魔法
Good magic

可在模底下放置一片足够大的塑料隔片或者包上锡纸，这样就有一个平整漂亮的蛋糕底了。在模具中倒入奶酪糊后，可轻轻磕几下整个模具，将奶酪糊中的气泡排出。

1-1　　1-2　　2-1　　2-2

3-1　　3-2　　4

5-1　　5-2　　6

玫瑰芝士蛋糕

[蛋糕物语]

　　撒下的玫瑰花瓣星星点点地落在雪白的蛋糕上，就像勇敢去爱的少女，用尽自己的心意去拥抱着喜爱的人，经历一段不悔青春的美丽时光。用玫瑰做成的芝士蛋糕，不仅有爱的味道，更有青春、美丽的无穷韵味。

‖配方‖

消化饼干 80 克

黄油 40 克

玫瑰花 10 克

玫瑰酱 15 克

奶油奶酪 175 克

牛奶 165 毫升

细砂糖 50 克

柠檬汁 15 毫升

淡奶油 150 毫升

鱼胶粉 9 克

‖做法‖

1.将消化饼干擀碎，加入熔化好的黄油，拌匀后倒入模具中压平，放入冰箱里冷藏定型成蛋糕底。

2.把鱼胶粉放入碗中，加入65毫升牛奶，静置一会，直至鱼胶粉充分吸水完毕后隔水加热，并搅拌使其熔化成液体状态，冷藏待用。

3.将奶油奶酪隔水软化，加入细砂糖，打发至顺滑，依次加入剩余的牛奶、柠檬汁，每加入一样食材，就拌匀一次。

4.把玫瑰花擀碎，倒入奶酪糊中拌匀。

5.向奶酪糊中倒入拌好的鱼胶粉溶液、玫瑰酱和打发好的淡奶油，充分搅拌均匀。

6.将奶酪糊倒入模具中，抹平表面，冷藏4～5小时即可食用。

美味魔法 Good magic

　　淡奶油与奶酪糊，一定要使两者达到相似的浓稠程度，它们才能最完美地混合在一起，否则可能会使混合好的面糊太稀或者体积变小。奶酪糊加入鱼胶粉溶液以后，先放冰箱冷藏片刻，直到达到与打发好的鲜奶油相似的浓稠程度，再进行下一步。

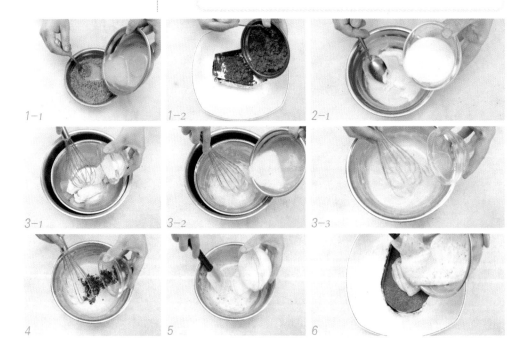

1-1　　　　1-2　　　　2-1

3-1　　　　3-2　　　　3-3

4　　　　5　　　　6

康乃馨
杯子
小蛋糕

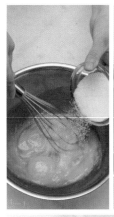   

‖配方‖

鸡蛋 3 个

细砂糖 75 克

低筋面粉 75 克

奶油霜 200 克

色素适量

‖做法‖

1.将鸡蛋打入容器内，放入细砂糖，隔水加热到约45℃，用电动打蛋器，先高速打至体积膨大，颜色发白，再转低速搅打到细腻，无大泡，划过有花纹，不易消失。

2.往蛋液中倒入过筛后的低筋面粉，拌匀至无干粉的程度。

3.然后将蛋糕糊倒入模具内，注意不要倒太满。

4.放入烤箱，以180℃烤25分钟左右，取出凉凉后往上面挤一些奶油霜打底，再用色素细心地挤出康乃馨的形状来即成。

美味魔法 Good magic

　　白色色素可以用来做花蕊，黄色色素可以用来做花瓣。制作花瓣时，由里向外做，会更容易一点。

花朵杯子
小蛋糕

配方

鸡蛋 3 个

细砂糖 75 克

低筋面粉 75 克

奶油霜 300 克

柠檬黄、绿色、红色、

紫色色素各适量

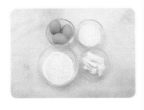

做法

1.将鸡蛋打入容器中，倒入细砂糖，开始打发。先高速搅，蛋液开始膨胀，再低速搅至泡泡变小，从蛋液上划过去会有很难消失的花纹，这样鸡蛋就打发好了。

2.向蛋液里加入低筋面粉，从容器底往上翻，不停地翻，翻到所有的面粉都溶进了蛋液里。

3.把蛋糕糊倒进模具，不要倒得太满。

4.放入烤箱，以180℃烤25分钟左右，取出凉凉后，将色素和奶油霜混合到一起，装入裱花袋裱花，装饰即成。

美味魔法 Good magic

可以用绿色素做成叶子，作为花朵的陪衬。

柠檬冻芝士蛋糕

蛋糕物语

　　炎热的夏天里，冰冰凉的冻芝士蛋糕入口即化，带上清爽的柠檬，一下子就把夏天闷热的空气吹散，仿佛置身于海边。柠檬冻芝士蛋糕即使没有烤箱、没有电动打蛋器也能动手做出来，简简单单、亲力亲为更能享受到蛋糕的美味！

配方

奶油奶酪 250 克

打发好的淡奶油 250 毫升

奥利奥饼干 100 克

黄油 40 克

细砂糖 80 克

鱼胶粉 30 克

蛋黄 1 个

柠檬半个

巧克力碎、可可粉各适量

做法

1.将奥利奥饼干捣碎，黄油隔热水熔化成液态，两者混合拌匀，然后倒入包上锡纸的慕斯圈内，压平后冷藏定型成蛋糕底。

2.将蛋黄和40克细砂糖混合拌匀，备用。

美味魔法 Good magic

　　脱模时，可用热毛巾将慕司圈包住捂几分钟，这样比较容易脱模。巧克力碎和可可粉脱模后再加上，作为装饰。

1-1　　1-2

1-3　　2

||做法||

3.将奶油奶酪隔热水软化，加入剩下的细砂糖搅拌均匀，依次加入溶解好的鱼胶粉、蛋液、榨好的柠檬汁、打发好的淡奶油，每加入一样都要拌匀一次。

4.奶酪糊充分拌匀后，倒入做好蛋糕底的模具内。

5.冷藏3小时以上，取出后用巧克力碎做成片，裱上奶油、筛入可可粉、放入2片柠檬装饰即可食用。

草莓冻芝士蛋糕

蛋糕物语

初夏季节的草莓，娇滴滴、水润润，隔着老远就能闻到一阵阵草莓香气。红艳艳的草莓点缀在白嫩的芝士蛋糕上，就像娇小可爱又玲珑剔透的少女心，扑通扑通地跳动！

‖配方‖

奶油奶酪 250 克

消化饼干 70 克

黄油 10 克

打发好的淡奶油 150 克

吉利丁片 10 克

草莓 250 克

细砂糖 75 克

柠檬汁 10 毫升

牛奶 50 毫升

巧克力适量

‖做法‖

1.将消化饼干擀碎，加入熔化好的黄油，搅拌均匀后放入模具中压平，冷藏待用。

2.将奶油奶酪隔热水软化，依次加入细砂糖、牛奶、融化成液体的吉利丁片、柠檬汁、打发好的淡奶油，每加入一样食材，均需拌匀一次。

3.将草莓切丁，倒入奶酪糊中，轻、慢地拌匀，再倒入模具中。

4.冷藏4小时，取出后脱模，涂上草莓酱，放置巧克力和草莓即完成。

美味魔法 Good magic

吉利丁片通常浸泡 10 分钟即可加热融化。

芒果流心芝士蛋糕

蛋糕物语

　　清新、淡雅的芝士，洒上浓郁、酸甜的芒果酱，像是一对清新的小情侣。
一个蛋糕同时满足了芝士控和芒果控们的两个愿望！

‖配方‖

蛋糕切片 1 片

忌廉芝士 300 克

白砂糖 80 克

打发好的淡奶油 200 克

吉利丁片 10 克

芒果 1 个（300 克）

‖做法‖

1.将蛋糕片放入模具中，压平一下。

2.往忌廉芝士中加入白砂糖，隔热水打发至平滑。

3.将芒果捣碎成酱，取小部分芒果酱隔热水搅拌，再加入事先泡软的吉利丁片，继续搅拌至吉利丁片融合在芒果酱里。

4.把拌好的芒果酱、打发好的淡奶油依次加入芝士糊中，每加入一样就拌匀一次。

┃┃做法┃┃

5.将芒果芝士糊装入裱花袋，均匀地、打着圈地挤到模具中，铺好一层即可。

6.然后往中间倒入芒果酱，在芒果酱散开前，立刻用芝士糊在外侧以打圈的方式挤入模具中，包裹起芒果酱，挤完一圈之后，继续将芝士糊填满模具，再用刀刮平蛋糕面。

7.将剩余的芒果酱点到蛋糕面上，用竹签轻轻划出花纹，冷藏2小时以上即可。

美味魔法 Good magic

倒入芒果酱的时候要轻轻地，不要太过用力，以免戳穿中层的芝士糊。

奶油樱桃
小蛋糕

▍配方▍

淡奶油 200 克

鸡蛋 3 个

细砂糖 75 克

低筋面粉 75 克

樱桃 12 颗

▍做法▍

1.把淡奶油和细砂糖混合到一起，拌匀后加入鸡蛋，高速打发至颜色变浅，体积膨大。

2.在蛋液里加入低筋面粉，充分翻拌，直到面粉与蛋液完全融合。

3.将小部分的樱桃切碎，拌入蛋糕糊里，搅拌均匀后倒入模具内。

4.将6颗樱桃切半，放置于蛋糕糊表面，放入烤箱，以170℃烤25分钟。

5.烤好后取出凉凉，再放上樱桃、撒上细砂糖作装饰即成。

美味魔法 Good magic　撒上细砂糖的时候，也可以趁热撒，这样细砂糖有一部分就会溶解在蛋糕面上，吃起来脆脆的更香甜！

覆盆子迷你小蛋糕

配方

黄油 75 克

细砂糖 80 克

鸡蛋 1 个

奶粉 30 克

低筋面粉 110 克

覆盆子果酱 35 克

香草精 10 毫升

泡打粉 5 克

做法

1.让黄油在室温下软化，依次加入细砂糖、香草精、鸡蛋，没加入一样食材，就拌匀一次。

2.将奶粉、低筋面粉和泡打粉一起过筛，再倒入黄油鸡蛋糊里，用上下翻搅的方式将它搅拌成面糊状，加入一半覆盆子果酱，充分搅拌均匀。

3.将蛋糕糊装入裱花袋，再倒入模具内，只倒至黄色纸杯的2/3处即可。

4.将果酱点到蛋糕糊上面，放入烤箱以180℃烤25分钟左右即成。

美味魔法 Good magic

这一款蛋糕的口味极具灵活性，若是想尝试别的味道，替换掉覆盆子果酱即可，也可以做成什果口味的小蛋糕！

抹茶轻芝士蛋糕

|蛋糕物语|

　　在炎热的天气里，寻一处幽静的地方，静静地看一本书，喝一口咖啡，品尝一块淡而不腻的抹茶轻芝士蛋糕，轻盈而优雅。

‖配方‖

西梅干 80 克

抹茶粉 130g

鸡蛋 2 个

牛奶 150 毫升

动物性淡奶油 130 毫升

玉米淀粉 20 克

低筋面粉 25 克

奶油奶酪 200 克

白醋 10 毫升

白砂糖 70 克

防潮糖粉适量

‖做法‖

1.奶油奶酪室温软化，加入牛奶搅拌均匀，把100克的抹茶粉倒入淡奶油里搅拌均匀，然后将抹茶粉糊加入奶酪糊中，充分搅拌均匀。

2.在抹茶奶酪糊里一次加入混合好的玉米淀粉和低筋面粉、蛋黄、白醋，每加入一样食材，均需拌匀一下，再用小火加热至浓稠状，凉凉备用。

3.在鸡蛋分出的蛋清中加入白砂糖，打发成泡沫状，然后倒入凉凉的抹茶奶酪糊里，搅拌均匀。

4.将抹茶奶酪糊倒入放了垫纸的模具中，同时放入西梅干，然后放入烤箱，以上火100℃、下火180℃烤50分钟。

5.取出后脱模凉凉，撒上防潮糖粉和抹茶粉装饰即成。

美味魔法 Good magic

　　在此款蛋糕中，西梅干可以选择不放，也可以根据个人口味添加食材，比如杏仁碎、白巧克力碎等。若是不喜欢白醋的味道，可以用柠檬汁代替。

1-1　1-2　1-3　2-1
2-2　2-3　3-1　3-2
3-3　4　5-1　5-2

樱桃芝士蛋糕

|蛋糕物语|

　　樱桃娇小玲珑，是一种超级可爱的水果，酸甜多汁又肉质紧实，用它做芝士蛋糕，充满了少女风味，美味又妖娆……

配方

消化饼干 100 克

黄油 50 克

奶油奶酪 200 克

牛奶 100 毫升

吉利丁片 2 片

细砂糖 40 克

大樱桃适量

做法

1.将饼干擀碎，倒入熔化了的黄油里，混合拌匀，然后倒入模具中，压平，冷藏做成蛋糕底。

2.奶油奶酪隔热水搅拌软化，加入细砂糖，搅拌至光滑，再加入牛奶，搅拌均匀。

3.将吉利丁片用凉水泡软，再加热溶解后倒入奶酪糊拌匀，一部分樱桃切丁，加入奶酪糊中，搅拌均匀。

4.搅拌好的奶酪糊倒入做好蛋糕底的模具中，取剩下的樱桃装饰在蛋糕面上，冷藏2小时。

5.取出后，根据自己的喜好装饰蛋糕，此处用巧克力片和草莓装饰。

美味
魔法
Good magic

脱模的时候可以用吹风机稍微吹一下模具的四周，或者用热毛巾围一下四周，就非常容易脱模了。

花样
小蛋糕

配方

鸡蛋 3 个

细砂糖 75 克

低筋面粉 75 克

做法

1.把鸡蛋打入容器里，再加入细砂糖，用打蛋器先高速打发至体积膨大，颜色发白，再低速搅打至细腻，无大泡，划过有花纹且不易消失。

2.往蛋液中加入低筋面粉，搅拌均匀至无干粉为止。

3.将面糊倒入模具里，约七分满即可，放入烤箱，以180℃烤15分钟左右。

4.取出凉凉，脱模后按自己喜好装饰蛋糕，此处使用了忌廉芝士和翻糖小花作装饰，当然也可以不装饰直接食用。

美味魔法 Good magic　　烤好之后，先冷却，更容易脱模。另外这款蛋糕含油少，适合怕胖人士。

迷你
小蛋糕

配方

糖粉 30 克

无盐黄油 60 克

低筋面粉 55 克

泡打粉 1.5 克

牛奶 130 毫升

鸡蛋适量

做法

1.将黄油放置在室温内软化，依次加入糖粉、鸡蛋（此款做的分量少，只需1个鸡蛋即可），每加入一样都要打发到均匀为止。

2.将低筋面粉、泡打粉过筛后一起加入到黄油糊里，均需拌匀，加入牛奶，再次搅拌均匀。

3.将蛋糕糊装入裱花袋，倒入模具约6分满，放入烤箱，以180℃烤20分钟左右，凉凉后根据自己的喜好装饰蛋糕即可，此处使用了糖粉、翻糖小花装饰蛋糕。

美味魔法
Good magic

筛入低筋面粉时，最好过两次筛，效果会更佳。

卡布奇诺风味芝士蛋糕

|蛋糕物语|

特浓咖啡和蒸汽泡沫牛奶混到一起，犹如修士深褐色的外衣覆上一条头巾。卡布奇诺咖啡浓郁且具有多层 layer，一种咖啡让人喝出千般风情，万种味道，用它制成的芝士蛋糕亦有着同样的风韵。

▌配方▌

奶油奶酪 70 克

牛奶 150 毫升

细砂糖 50 克

鸡蛋 3 个

卡布奇诺咖啡粉 30 克

淡奶油 50 毫升

鱼胶粉 10 克

可可粉 30 克

柠檬汁 5 毫升

水 200 毫升

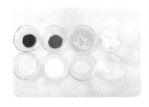

▌做法▌

1.将奶油奶酪放入容器中，加热200毫升水，奶油奶酪隔热水软化，加入细砂糖后慢慢搅拌均匀，再加入柠檬汁、鸡蛋，再次拌匀。

2.把咖啡粉和鱼胶粉混合均匀，倒入适量牛奶，搅拌均匀成溶液状，再放入微波炉加热1分钟，然后取出凉凉。

3.将剩余的牛奶倒入奶酪糊中，拌匀，再倒入咖啡溶液，搅拌均匀成咖啡奶酪糊。

4.然后将咖啡奶酪糊倒入模具中，放入冰箱冷藏2小时以上。

5.将淡奶油打发至蓬松细泡沫状，用小勺子调入模具中，在蛋糕上铺一层，再筛入可可粉，装饰上薄荷叶即成。

美味魔法 Good magic

做成后的蛋糕面糊可能很稀，冷藏凝固后就会变正常状态的，若是担心控制不好液体食材的量，可在冷藏前适当加入咖啡粉，搅拌均匀后再冷藏便可。

番茄芝士蛋糕

|蛋糕物语|

　　番茄芝士在芝士蛋糕里是比较平民的一款，但是，恰到好处的清爽、香甜与乳酪糊的味道调和，却是独具风味。

‖配方‖

吉利丁片 10 克

奶油奶酪 150 克

细砂糖 40 克

酸奶 50 克

牛奶 60 毫升

小番茄（圣女果）150 克

蛋糕片 1 片

白巧克力碎适量

‖做法‖

1.奶油奶酪切小块放入容器，加入细砂糖混合均匀，隔热水用打蛋器打成柔软状态，再加入酸奶，搅拌均匀。

2.吉利丁片用凉水浸泡约10分钟直至呈柔软的状态，然后把吉利丁片的凉水过滤掉，加入牛奶锅中，隔沸水加热，温热时加入泡软的吉利丁片，搅拌至其融化。

3.加入已经打成泥状的小番茄，搅拌均匀。

4.向打好的奶酪糊里加入番茄牛奶泥，混合均匀。

5.模具底部垫一层蛋糕片，倒入混合好的番茄奶酪糊，冷藏2小时以上，取出后，按自己喜好装饰蛋糕，此处用剩余的奶酪糊裱花、撒白巧克力碎、装饰上小番茄即可。

美味魔法 Good magic

吉利丁片在牛奶番茄糊里加热融化的时候，不用煮沸，否则番茄的颜色变深，牛奶也更黏稠，蛋糕水分控制不好，口感会变差。

椰香紫薯
小蛋糕

|配方|

鸡蛋 3 个

细砂糖 75 克

低筋面粉 100 克

紫薯馅 75 克

淡奶油 50 克

牛奶 100 毫升

椰蓉 50 克

|做法|

1.将固体淡奶油放入容器中，加入细砂糖拌匀，再加入鸡蛋，混合均匀后用打蛋器高速搅打到体积膨大，颜色发白。再转低速搅打到细腻，儿大泡，划过有小易消失的花纹。

2.将椰蓉和低筋面粉混合在一起，加入蛋糊，上下左右，快速翻拌，拌到没有干粉为止。

3.将紫薯泥加入到牛奶中拌匀。

4.在蛋糊里加入一小部分紫薯牛奶泥，略微拌匀一下。

5.然后把蛋糕糊倒入模具，约模具的2/3满，然后放入烤箱，以180℃烤制25分钟，取出凉凉后，再用裱花袋挤上紫薯泥、装饰金糖豆即可。

美味魔法 Good magic　把紫薯压成泥时，如果太干，可以放牛奶调整一下。

果酱夹心
小蛋糕

‖配方‖

低筋面粉 150 克

鸡蛋 2 个

植物油 30 毫升

淡奶油 40 毫升

细砂糖 50 克

果酱适量

‖做法‖

1.将鸡蛋倒入容器里，加入细砂糖，一起打发至蛋液可以慢慢流下，流下后痕迹不易消失。

2.将低筋面粉过筛，倒入蛋液里，翻拌到没有干粉为止，做成蛋糕糊。

3.将淡奶油和植物油均匀地混合到一起，然后加入蛋糕糊中混合均匀。

4.将蛋糕糊装到裱花袋再挤入模具里，挤至五分满，然后加入果酱，再用蛋糕糊填至八分满。

5.放入烤箱里，以180℃烤制20分钟左右，取出凉凉后按个人喜好装饰即可。

美味魔法 Good magic

混合蛋糕糊和淡奶油时，可以先取部分蛋糕糊与它拌匀，然后再将混合物一起倒进蛋糕糊里拌匀。果酱的多少可以根据个人口味来确定。

原味烤芝士蛋糕

|蛋糕物语|

　　融化在舌尖的香浓，美味的奶香，芝士的特殊醇香，烤一个芝士蛋糕，让一个沉闷的午后生动起来。一口美味的芝士蛋糕，一口红茶，还有什么比这更美妙吗？

▮配方▮

消化饼干 80 克

黄油 40 克

奶油奶酪 220 克

细砂糖 50 克

鸡蛋 1 个

牛奶 30 毫升

酸奶 100 克

柠檬汁 5 毫升

玉米淀粉 5 克

▮做法▮

1.将消化饼干压碎，加入融化了的黄油，两者拌匀后倒入模具中，压平压实做成蛋糕底，放入冰箱中冷冻定型。

2.将奶油奶酪和细砂糖混合，搅拌均匀，依次加入鸡蛋、牛奶、酸奶，每加一样食材，均需拌匀一次。

3.将柠檬汁和玉米淀粉依次加入奶酪中，拌匀，然后把混合均匀的奶酪糊倒入冷藏好有蛋糕底的模具中。

4.把蛋糕放入烤箱，以160℃烤50分钟左右，再调高温度至180℃，烤15分钟左右，取出脱模，再按个人喜好装饰即成。

美味魔法 Good magic

　　烤制时，也可以采用水浴法（隔水烤制），即在模具外放一个大烤盘，倒入烤盘一半高度的水一起烘烤。水浴的方法能使蛋糕更湿润，并且表面不容易开裂。烤好后，放凉并冷藏再食用，口感会更好。

榴梿冻芝士蛋糕

|蛋糕物语|

众所周知，榴梿闻起来臭，但吃起来香。榴梿芝士蛋糕即使口味略重，但依然拥有小清新外貌，品尝起来其实更是清凉爽滑，滋味十足！

‖配方‖

奶油奶酪 225 克

牛奶 25 毫升

动物性淡奶油 450 毫升

榴梿肉 150 克

细砂糖 80 克

蛋黄 4 个

蛋清 80 克

朗姆酒 10 毫升

吉利丁片 8 克

低筋面粉 80 克

‖做法‖

1.先做出松脆的海绵蛋糕底，将2个蛋黄放入容器中，加入20克细砂糖搅拌均匀。

2.将蛋清放入较深的容器，一边高速打发一边加入30克细砂糖，打发至细泡沫状。

3.将打发好的蛋清倒一半进入蛋黄液，搅拌均匀，再加入低筋面粉，充分拌匀。

4.将做好的蛋液糊装进裱花袋，在烤盘上放上垫纸，以画圈圈的形式，如图那样挤出蛋液糊，按模具的大小做出蛋糕层，然后放入烤箱，以180℃烤制10分钟左右即成，剩下的蛋液糊再做一个小一些的海绵蛋糕层。

5.接着就做榴梿奶酪了，将2个蛋黄放入容器里，加入30克细砂糖，拌匀后加入牛奶，搅拌均匀。

6.将事先用凉水泡软的吉利丁片加入到蛋液里，隔热水搅拌至溶化。

‖做法‖

7.将奶油奶酪放入容器，室温软化，然后打发至顺滑，依次加入蛋液、压软的榴梿、淡奶油、朗姆酒，每加入一样，均需搅拌均匀。

8.用模具在大的海绵蛋糕层上压下去，再用锡纸包住底部，这样就成了一个蛋糕底，再倒入奶酪糊至七分满，再放入小的蛋糕层，继续倒入奶酪糊。

9.放入冰箱冷藏4小时以上，取出后用蛋糕刀抹上一层蛋清泡沫，再用喷枪快速烧蛋清泡沫表面至微焦，最后按个人喜好装饰蛋糕即可。

美味魔法
Good magic

食用时，还可以涂上抹茶榴梿酱。抹茶榴梿酱的做法是：将榴梿肉、水、糖一起放入料理机里打成泥，放入锅里煮至沸腾，然后再加入抹茶粉拌匀，冷却后即可使用。

奶油巧克力小蛋糕

‖配方‖

鸡蛋 3 个

细砂糖 95 克

低筋面粉 75 克

淡奶油 200 毫升

巧克力豆适量

‖做法‖

1.将鸡蛋打入容器中，加入75克细砂糖，用电动打蛋器高速打至蛋液体积膨大、颜色发白，再转低速搅打至细腻状。

2.往蛋液中筛入低筋面粉，翻搅均匀至没有干粉的状态。

3.将蛋糕糊倒入模具内，加入巧克力豆，放入烤箱，以170℃烤25分钟后取出凉凉。

4.在淡奶油中加入20克细砂糖，打发至浓稠状，然后装入裱花袋里，把奶油挤在小蛋糕上，挤好后再撒上巧克力豆作为装饰。

美味魔法 Good magic

　　加装饰的步骤要在蛋糕凉凉后再做，不然奶油和巧克力豆会融化，变得不美观。

老式
小蛋糕

1-1 1-2 2

3-1

3-2

3-3

3-4

‖配方‖

鸡蛋 3 个

低筋面粉 65 克

食用油 30 克

细砂糖 60 克

芝麻适量

‖做法‖

1.将鸡蛋打到容器中，加入细砂糖，用打蛋器搅打至蛋糊细滑、有明显的纹路后，再加入低筋面粉，搅拌均匀至无颗粒。

2.把食用油倒入蛋糊里，充分搅拌均匀。

3.将蛋糕糊倒入模具中，倒至七分满，在表面撒上芝麻，放入烤箱，以175℃烤制20分钟左右，凉凉后脱模即可。

美味魔法 Good magic

在模具内事先抹上油可方便脱模。烤好后，冷却食用口感更佳。

朗姆酒芝士蛋糕

|蛋糕物语|

　　朗姆酒产自古巴，它的口感润甜，气味芬芳，以朗姆酒为调料做成的芝士，充满了浓郁的异国风情。

配方

奶油奶酪 250 克

淡奶油 200 毫升

细砂糖 60 克

朗姆酒 15 毫升

黄油 25 克

趣多多饼干 90 克

吉利丁片 8 克

做法

1.将黄油熔化，把饼干捣碎，两者混合到一起拌匀，倒入模具内，压平，然后放入冰箱内冷藏备用。

2.将奶油奶酪隔水加热软化，倒入细砂糖，将奶油打发至顺滑，加入用凉水软化好的吉利丁片，两者混合并搅拌至吉利丁片溶解。

3.依次往奶酪糊中加入淡奶油、朗姆酒，每加入一样材料，拌匀一次。

4.将做好的奶酪糊倒入已铺好饼干的模具里，放到冰箱中冷藏4小时以上，食用前按自己的喜好装饰蛋糕，此处使用巧克力片装饰。

美味魔法
Good magic

　　倒入饼干前，模具内（底部）要先铺上（包裹）油纸或锡纸，这样最后脱模的时候更加方便，蛋糕的外形也更加完整。

紫薯冻芝士蛋糕

|蛋糕物语|

　　紫薯冻芝士，在外形、颜色上分外可人，就像个孩童一样，连制作它的过程也让人联想到儿时的玩泥巴，只是这一次的"泥巴"给大家带来的回报异常丰厚。

‖配方‖

奶油奶酪 200 克

淡奶油 200 毫升

奥利奥饼干 130 克

黄油 40 克

吉利丁片 15 克

糖粉 30 克

柠檬汁 10 毫升

朗姆酒 10 毫升

紫薯泥 120 克

薄荷叶适量

‖做法‖

1.将奥利奥去除夹心，压碎，加入熔化的黄油，拌匀后倒入模具里，压平冷藏备用。

2.将奶油奶酪隔水加热软化，然后依次加入糖粉、柠檬汁，加入后搅拌均匀。

3.继续在奶酪糊中倒入淡奶油，充分搅拌均匀后，加入溶解好的吉利丁片溶液，搅拌均匀。

4.将调好的奶酪糊分成三份，第一份倒入做好蛋糕底的模具中，第二份加入朗姆酒后拌匀，第三份加入紫薯泥，拌匀装入裱花袋，在倒了一层奶酪的模具中挤上一层紫薯泥夹心。

5.倒入奶酪糊，覆盖紫薯泥夹心，然后放入冰箱冷藏2小时，取出后再挤上紫薯泥奶酪，再冷藏2小时，取出装饰上薄荷叶、筛一些糖粉即可。

> **美味魔法 Good magic**
>
> 往奶酪糊中加淡奶油时，可根据个人口味调整分量，喜欢芝士味重一些的就适当减少淡奶油的分量，若是喜欢软绵顺滑的口感，可以 1：1.2 的分量加入淡奶油。

分蛋海绵
小蛋糕

‖配方‖

蛋清 3 个

白砂糖 80 克

柠檬汁 10 毫升

蛋黄 3 个

牛奶 15 毫升

玉米油 15 毫升

低筋面粉 90 克

白芝麻适量

‖做法‖

1.将蛋黄放入容器中，打散后依次加入玉米油、牛奶、柠檬汁、一半低筋面粉，每加入一样，均需搅拌均匀一次。

2.将蛋清放入深容器中，边打发边加入白砂糖，打发至有细腻泡沫为止。

3.倒一半打发好的蛋清进入蛋液，搅拌均匀后再加入剩下的低筋面粉，拌匀后再加入剩下的蛋清，拌匀成蛋糊。

4.将蛋糊注入模具至七分满，撒入白芝麻，放入烤箱以150℃烤制20分钟，取出凉凉后脱模，再按个人喜好装饰即可。

美味魔法
Good magic

白砂糖分多次加入效果会更佳。将蛋清和蛋黄分开，即分蛋的做法，可以令口感更佳，有兴趣的朋友不妨尝试一下其他做法。

蜜豆夹心
小蛋糕

‖配方‖

黄油 105 克

细砂糖 65 克

全蛋液 160 克

奶粉 40 克

低筋面粉 160 克

盐 2.5 克

泡打粉 2.5 克

红豆沙 50 克

蜜豆粒 40 克

‖做法‖

1.黄油室温软化，加入细砂糖，用打蛋器搅拌均匀。

2.把全蛋液拌匀，然后加入到黄油中，充分拌匀。

3.将盐、泡打粉、低筋面粉、奶粉混合在一起，然后加入黄油蛋液里，搅拌均匀，直至没有干粉为止。

4.将蛋糕糊装入裱花袋，挤入模具中，在1/2满时加入红豆沙，然后继续挤入蛋糕糊。

5.放入烤箱，以180℃烤制20分钟左右，取出凉凉后装饰上蜜豆即可。

美味魔法 Good magic

如果是冬天，黄油也可以放到微波炉里软化。在没有裱花袋的时候，用普通的干净塑料袋子剪个口代替也可以。

香橙芝士蛋糕

蛋糕物语

香橙芝士材料准备和做法上都相对简单，味道却超级好，融入了香橙的蛋糕吃起来甜而不腻，令人百吃不厌。

‖配方‖

奶油奶酪 250 克

低筋面粉 30 克

玉米粉 40 克

牛奶 40 毫升

蛋黄 1 个

细砂糖 80 克

盐 2 克

橙汁 15 毫升

蛋清 1 个

‖做法‖

1. 将奶油奶酪隔着热水熔化，依次加入40克细砂糖、牛奶、橙汁、蛋黄、玉米粉、混合了盐的低筋面粉，每加入一样均需充分拌匀一次，最后混合拌匀。

2. 将蛋清放入深容器里，加入40克细砂糖，用打蛋器打发至细致泡沫状。

3. 然后将打发好的蛋清加入到奶酪糊中，搅拌均匀，倒入放有垫纸的模具中。

4. 放入烤箱，以160℃烤制45分钟左右，凉凉脱模，再根据自己喜好装饰蛋糕，此处使用煎过的甜橙子片和白巧克力条、薄荷叶装饰。

美味魔法 Good magic

将蛋清倒入面糊之后，如有气泡，可以边搅拌边按压的方式把气泡挤压出去。

1-1　1-2　1-3　1-4　1-5
2-1　2-2　3-1　3-2
4-1　4-2　4-3

彩虹芝士蛋糕

蛋糕物语

　　这是一款制作起来相当有趣的蛋糕，充满梦幻的色彩，又有浓郁的芝士香气，令人惊喜又爱不释手，尤其满足孩童的好奇心和营养需要。

▌配方▌

奶油奶酪 300 克

原味酸奶 200 克

玉米粉 15 克

鸡蛋 4 个

细砂糖 70 克

香草精 5 毫升

食用色素适量

▌做法▌

1.将奶油奶酪放置在室温下软化，加入细砂糖，然后将它打发至顺滑状态。

2.往奶油奶酪中依次加入鸡蛋、玉米粉、原味酸奶、香草精，每加入一样都要充分搅拌均匀一次。

3.然后将奶酪糊分成7份，用不同色的食用色素加入到奶酪糊中，加入色素时一点点、逐次加入，直到调出想要的颜色。

4.在模具里先放一张垫纸，开始倒入奶酪糊，用水浴法烤制，烤箱温度调节在160℃左右，按顺序一层一层地烤，每一层10分钟左右，再倒入另一层一起烤，最后一层倒上烤20分钟，关火闷一个小时。烤好后，凉凉脱模，再冷藏4小时以上。

5.然后按个人喜好装饰蛋糕即可，此处使用白巧克力碎片和小马卡龙饼装饰。

美味魔法 food magic

软化奶油奶酪时，也可以用隔水加热的方法。玉米粉也可以用低筋面粉代替，根据个人口感而定。

糯米
小蛋糕

‖配方‖

蛋黄 3 个

色拉油 30 毫升

蛋清 3 个

细砂糖 80 克

糯米粉 30 克

低筋面粉 60 克

牛奶 40 毫升

苹果泥适量

‖做法‖

1.将蛋黄放入容器里，加入牛奶，打发成蛋液，然后依次加入色拉油、混合在一起的糯米粉和低筋面粉、牛奶等，加入一样就充分搅拌均匀。

2.将蛋清放入深容器中，加入细砂糖，用打蛋器高速打发至细泡沫状。

3.将打发好的蛋清加入到蛋糊里，搅拌均匀，然后注入模具里，到七分满即可。

4.放入烤箱里，以180℃烤20分钟，然后取出凉凉，将苹果泥装入裱花袋，挤入小蛋糕内，最后按个人喜好装饰一下，此处使用趣多多饼干碎片装饰。

美味魔法 Good magic

苹果泥的制作方法很简单，将苹果去皮、去核，切成块状，加入100毫升水、5克糖和3毫升柠檬汁，倒入锅中一同煮软，再用料理机打成黏稠的泥状。

1-1　1-2　1-3　1-4
2-1　3-2　4
2-2
3-1　4-2

法式海绵
小蛋糕

‖配方‖

鸡蛋 2 个

细砂糖 90 克

蜂蜜 5 毫升

低筋面粉 110 克

黄油 35 克

牛奶 50 毫升

美味魔法
Good magic

‖做法‖

1.将鸡蛋打入容器里,加入细砂糖和蜂蜜,一边加热一边搅拌即可,加热到90℃即可。

2.向蛋液中加入低筋面粉顺着一个方向翻拌均匀。

3.将黄油加入牛奶,隔热水熔化。

4.在熔化好的黄油里加入小部分蛋糊,再次翻拌,将翻拌好的黄油蛋糊一起倒入大部分蛋糊里,充分拌匀。

5.将蛋糕糊倒入模具里,至八分满,然后放入烤箱里,以180℃烤20分钟左右,取出凉凉后按自己喜好装饰即可。

制作海绵蛋糕最好选用新鲜的鸡蛋。切勿用画圈的方式搅拌面糊!

豆腐芝士蛋糕

蛋糕物语

豆腐芝士充满了中国风，它温润如玉，洁白似雪，吃起来细滑爽口，温柔地化解芝士容易让人感到腻的口感。

‖配方‖

黄油 10 克

奥利奥饼干 50 克

鱼胶粉 5 克

水 20 毫升

细砂糖 50 克

柠檬汁 10 毫升

牛奶 50 毫升

绢豆腐 250 克

奶油奶酪 200 克

柠檬皮碎适量

‖做法‖

1.将奥利奥饼干压碎，加入融化了的黄油拌匀，然后倒入模具中压实，冷藏备用。

2.将奶油奶酪放入容器里，隔热水软化，然后依次加入细砂糖、溶解好的鱼胶粉溶液、牛奶，每加入一样都要仔细拌匀一次。

3.将绢豆腐放入微波炉中加热3分钟，如果有水分，将水倒掉压成泥，然后加入奶酪糊拌匀。

4.把柠檬汁和柠檬皮碎加入豆腐奶酪糊中，搅拌均匀。

5.将豆腐奶酪糊倒入做好蛋糕底的模具中，用刀刮平整，冷藏4小时。

6.取出后按个人喜好装饰，此处使用草莓和巧克力装饰。

美味魔法 Good magic

模具底部要先铺上或裹上锡纸。微波炉加热鱼胶粉水时不用盖保鲜膜。

栗子芝士蛋糕

蛋糕物语

　　秋天到来，栗子熟了。捧在手心里，暖暖的，香香的。这款芝士，一样暖，一样香。

|| 配方 ||

栗子泥 150 克

鸡蛋 1 个

奶油奶酪 500 克

牛奶 100 毫升

细砂糖 100 克

香草精 5 毫升

饼干 120 克

|| 做法 ||

1.将饼干擀碎，黄油加热熔化后倒入饼干碎，拌匀再倒入模具中压平实，冷藏做成蛋糕底。

2.奶油奶酪室温软化，依次加入细砂糖、栗子泥、鸡蛋、牛奶、香草精，每加入一样食材，均需拌匀一次。

||做法||

3.然后将奶酪糊倒入做好有蛋糕底的模具中,再震一下模具,把多余的空气震出来,然后放入烤箱,用水浴法,以180℃烤制60分钟,凉凉。

4.脱模后,按白己喜好装饰蛋糕,此处是在蛋糕面上涂上蜂蜜,用裱花袋花嘴挤上带纹理的栗子泥,再放上煮熟的整颗栗子仁,再筛入糖粉即可。

美味魔法 Good magic

栗子泥如果用鲜栗子自己做,要加入炒香的步骤,不然栗子味散发不出来,蛋糕就不够香,简便些可以购买已经炒好的栗子。

南瓜杯子
小蛋糕

‖配方‖

鸡蛋 3 个

细砂糖 75 克

低筋面粉 75 克

南瓜泥 300 克

奶油霜 40 克

‖做法‖

1.把鸡蛋打入容器中，加入细砂糖，打发至起细泡沫状。

2.将低筋面粉加入到蛋糊里，搅拌至无干粉，然后加入搅拌好的奶油霜和南瓜泥，充分拌匀。

3.将奶酪糊倒入模具中，至1/2满即可，放入烤箱，以180℃烤25分钟左右，烤好后凉凉，按自己喜好装饰蛋糕，此处用翻糖做了万圣节土题的装饰。

　　打发鸡蛋时，如采用低速打发的方式，要打发至细腻无大泡，划过后纹路不易消失。

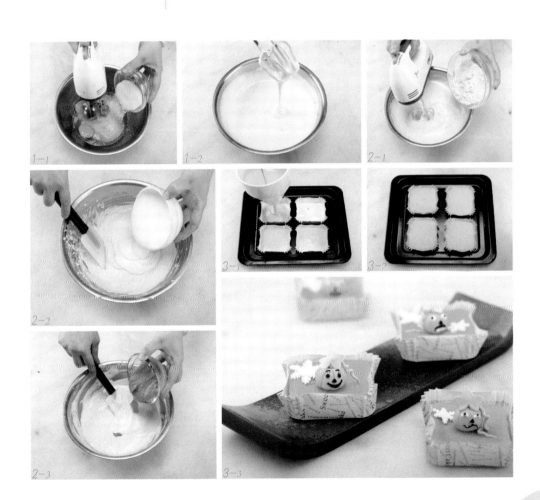

桑葚
小蛋糕

配方

鸡蛋 3 个

细砂糖 75 克

低筋面粉 75 克

桑葚 80 克

奶油霜 30 克

淀粉 50 克

白巧克力适量

做法

1. 先把鸡蛋和细砂糖放入容器里，高速打发至颜色变浅，体积膨大。

2. 加入低筋面粉，充分翻拌，一直翻拌到面粉与蛋液完全融合。

3. 在桑葚中撒入淀粉，搅拌均匀，备用。

4. 把蛋糕糊倒入模具内，然后放入沾有淀粉的桑葚，放入烤箱以170℃烤25分钟左右，凉凉后挤上奶油霜，放上一点白巧克力碎片，摆上桑葚即可。

美味魔法 Good magic

桑葚很容易沉入蛋糕的底部，加入淀粉能够在一定程度上减轻这种情况。

梦幻圣诞·12月

圣诞芝士蛋糕

蛋糕物语

　　圣诞节来临，一款香香甜甜、造型可爱的芝士，可以给节日增添许多浪漫、美好的气息。

‖配方‖

奶油奶酪 220 克

酸奶 100 毫升

鸡蛋 1 个

白砂糖 40 克

玉米淀粉 5 克

牛奶 30 毫升

‖做法‖

1.将奶油奶酪从冷藏室里取出，令其软化，软化后加入白砂糖，搅绊至顺滑。

2.依次加入鸡蛋、酸奶、牛奶和玉米淀粉，每加入一样材料，搅拌一次。

3.将拌好的奶酪糊倒入模具里，模具中要先包上锡纸。

4.放入烤箱里，以160~180℃的温度烤60分钟左右。

5.取出凉凉后装饰蛋糕，装饰出圣诞的气氛即可，此处使用圣诞树巧克力片、草莓、糖霜。

美味
魔法
Good magic

　　这款蛋糕属于重芝士蛋糕，热的时候易碎，最好放入冰箱冷藏几个小时再吃。冷藏后口感也更好。

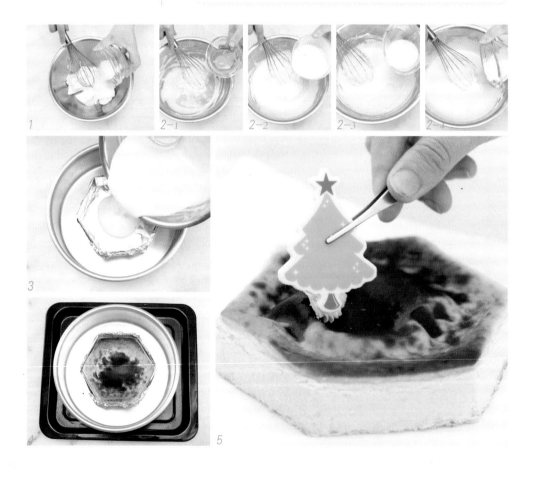

南瓜芝士蛋糕

蛋糕物语

　　记得《灰姑娘》里的南瓜车吗？南瓜真的可以变身耶！它可以变成很多种不同的菜，不同的味道。不过，只有当它变成芝士蛋糕时，也许才和灰姑娘闻到的那一个相同。

‖配方‖

黄油 80 克

奥利奥饼干 110 克

南瓜蓉 450 克

盐 2 克

肉桂粉 3 克

奶油奶酪 500 克

浓稠原味酸奶 70 克

细砂糖 90 克

鸡蛋 2 个

‖做法‖

1.将奥利奥饼干去掉夹心后，捣成碎片，与熔化的黄油混合，将两者拌匀。模具中先铺上油纸，然后将饼干倒入压平，冷藏备用。

2.将奶油奶酪放置在室温内软化，加入细砂糖、鸡蛋（分两次加入）、酸奶，打发至细滑状。

3.向南瓜蓉中加入盐和肉桂粉，拌成南瓜泥。

4.南瓜泥倒入奶酪糊中，搅拌至均匀。

5.将南瓜奶酪糊倒入模具中，放入烤箱，使用水浴法，以150℃烤70分钟左右。

6.烤好后凉凉，先冷藏4小时，然后根据个人喜好对蛋糕表面做一定装饰。

美味魔法 Good magic

挑选南瓜时，要挑选老一些的南瓜，这样的南瓜更香甜，可以做出颜色更鲜艳，而且满满都是南瓜香味的芝士蛋糕！

巧克力海
绵小蛋糕

‖配方‖

鸡蛋 3 个

低筋面粉 65 克

可可粉 20 克

细砂糖 80 克

黄油 30 克

巧克力粒适量

‖做法‖

1.先把鸡蛋和细砂糖混合，隔热水搅打至蛋液与细砂糖充分融合，再用打蛋器打发至膨胀。

2.依次加入低筋面粉、可可粉、溶解了的黄油，每加入一样均需搅拌均匀。

3.将蛋糕糊倒入模具内，至八分满即可，放入烤箱，以180℃烤20分钟即可。

4.取出后立刻撒上巧克力粒，让巧克力自然溶解一部分，与蛋糕面黏合起来。

美味魔法 Good magic　烘烤过程要根据烤箱烘烤实际情况，定时观察烤箱内蛋糕的变化，不一定要烤这么久。

香橙泥
小蛋糕

配方

鸡蛋 3 个

细砂糖 80 克

低筋面粉 120 克

植物油 30 毫升

橙子 1 个

做法

1.将鸡蛋打进容器中，放入细砂糖，打发至膨胀发白的细泡沫状，再依次加入低筋面粉（分两次加入鸡蛋液中）、植物油、打成泥的橙子，上下翻拌匀。

2.将面糊装入裱花袋，倒入模具里，放入烤箱以170℃烤30分钟左右。

3.凉凉后脱模，然后根据个人喜好装饰。

美味魔法 Good magic

低筋面粉和植物油分两次加进去，效果会更细腻。一个中等个头的橙子的皮和半个果肉可以做 9 个小蛋糕。